BEI GRIN MACHT SICH IHR WISSEN BEZAHLT

Anonym

Fließgewässer: Typen, Einzugsgebiete und Abflusskomponenten

GRIN Verlag

Bibliografische Information der Deutschen Nationalbibliothek:

Die Deutsche Bibliothek verzeichnet diese Publikation in der Deutschen National-
bibliografie; detaillierte bibliografische Daten sind im Internet über http://dnb.d-
nb.de/ abrufbar.

Impressum:

Copyright © 2009 GRIN Verlag GmbH
Druck und Bindung: Books on Demand GmbH, Norderstedt Germany
ISBN: 978-3-656-25150-7

Dieses Buch bei GRIN:

http://www.grin.com/de/e-book/198187/fliessgewaesser-typen-einzugsgebiete-und-
abflusskomponenten

GRIN - Your knowledge has value

Der GRIN Verlag publiziert seit 1998 wissenschaftliche Arbeiten von Studenten, Hochschullehrern und anderen Akademikern als eBook und gedrucktes Buch. Die Verlagswebsite www.grin.com ist die ideale Plattform zur Veröffentlichung von Hausarbeiten, Abschlussarbeiten, wissenschaftlichen Aufsätzen, Dissertationen und Fachbüchern.

Besuchen Sie uns im Internet:

http://www.grin.com/

http://www.facebook.com/grincom

http://www.twitter.com/grin_com

RWTH Aachen
Geographisches Institut
Grundseminar physische Geographie
Sommersemester 2009
Seminararbeit

23.03.2009

Fließgewässer: Typen, Einzugsgebiete und Abflusskomponenten

2.Semester
Studium: B.Sc. Angewandte Geographie

Inhaltsverzeichnis

1. Einleitung

In der vorliegenden Arbeit sollen die wichtigsten Typen, Einzugsgebiete und Abflusskomponenten von Fließgewässern dargestellt werden.

Aufgrund der Vielfalt der einzelnen Faktoren können hier nur die wichtigsten Aspekte aufgegriffen werden.

Nach einer Einführung in den Sachverhalt wird ein Überblick über verschiedene Ansätze von Fließgewässertypen erfolgen, mit deren Hilfe Fließgewässer strukturiert werden können. Um die theoretische Abhandlung des Themas in die Praxis umzusetzen, wird anknüpfend dazu das Beispiel einer Forschung über regionale Fließgewässertypen beschrieben werden.

Daran anschließend soll das Augenmerk auf die Bedeutung und den Einfluss der Einzugsgebiete für die Fließgewässer, sowie die Abflusskomponenten untersucht werden.

Auch wenn der Anteil des Wassers, welches sich in den Flüssen befindet, nur 0.0001% (Marcinek/Rosenkranz S. 30) des gesamten sich auf der Welt befindlichen Wasservorkommens darstellt, bestimmen Fließgewässer trotzdem weite Teile von Landschaftszonen und entwässern die Binnenregionen der Erde.

Doch was sind die besonderen Faktoren, die Fließgewässer charakterisieren? Inwieweit sind Fließgewässertypen hilfreich, verschiedenen Fließgewässerarten miteinander zu vergleichen?

Welchen Einfluss haben Einzugsgebiete auf die Fließgewässer und wie werden die genau bestimmt? In welchem Zusammenhang stehen diese Einzugsgebiete mit den Abflusskomponenten und wie werden diese Abflusskomponenten ermittelt?

Diese Fragen soll die vorliegende Arbeit herausstellen, um schließlich in der Zusammenfassung eine Antwort zu geben.

2. Fließgewässer

Unter dem Begriff Fließgewässer versteht man das primäre Entwässerungssystem des Festlandes (Pott/Remy 2000: 22). Grundvoraussetzung für die Entstehung von Fließgewässern ist die geneigte Fläche, auf der das Wasser dem Gesetz der Schwere folgend abfließt, wenn der Niederschlag größer als die Verdunstung und die Versickerung ist (Baumgarten/ Liebscher 1990: 464, Marcinek/Rosenkranz 1996: 161).

Wenn also die zugeführte Menge des Wassers die Verdunstung und die Versickerung übersteigt, kommt es zu einem der Schwerkraft folgenden Abfluss des Wassers, wobei nicht speicherbare Wasserüberflüsse „dem freien Gefälle folgend" (Pott/Remy 2000: 22) zu den lokalen Erosionsbasen fließen, die - wiederrum unter der Voraussetzung der geringen Verdunstung - zur absoluten Erosionsbasis, also dem Meer bzw. dem Ozean, fließen.

Der Wasserüberschuss kann dabei ständig, periodisch oder episodisch zu Grunde liegen. Dementsprechend unterscheidet man

· rennierende (ständig oder ausdauernd wasserführende),

· periodische (regelmäßig zeitweilig wasserführend) und

· episodische (unregelmäßig zeitweilig wasserführende)

Fließgewässer (Marcinek/Rosenkranz 1996: 161).

Fließgewässer lassen sich in vier verschiedene Kategorien einteilen.

Da verschiedene Autoren unterschiedliche Definitionen zur Unterscheidung von Fließgewässerkategorien anführen, liegt eine allgemeingültige Definition nicht vor (Marcinek/Rosenkranz 1996: 162).

Folgt man Brunotte et al., so wird die mit einem mittleren Durchfluss von bis zu 20 m³/s kleinste Kategorie Bäche genannt, kleine Flüsse weisen einen mittleren Durchfluss von 20- 200m³/s auf, wogegen in großen Flüssen im Mittel zwischen 200- 2000m³/s Wasser durchfließen. In dieser Klassifikation sind die Ströme mit einem mittleren Durchfluss, von mehr als 20000m³/s die größte Kategorie von Fließgewässern (Brunotte et al. 2001: 386f.).

2.1 Fließgewässertypen

Zur „überschaubaren Zusammenfassung und Darstellung vielfältiger Erscheinungsformen"(Pott/Remy 2000: 117) der Fließgewässer wurden Vergleichsaspekte aufgestellt, mit deren Hilfe man die Fließgewässer typisieren kann.

2.1.1 Allgemeine Fließgewässertypen

Keller stellt bereits 1961 mehrere Ansätze vor, um Fließgewässer (er bezeichnet sie als Flüsse) in Typengruppen einzuteilen. So unterschied er die drei Aspekte Topographie- bzw. Morphographie, Klima und Hydrologie mit dem jeweiligen Abflussregime, um diese als Grundlage für verschiedene Ansätze zu nehmen (vgl. Keller 1961: 263-266).

Bei den topographisch- morphologischen Flusstypen nimmt Keller eine Unterteilung in fünf Gruppen vor (Tab.1).

Tab 1: Topographisch- morphologische Flusstypen nach Keller

Typ	Eigenschaften
Gebirgsflüsse	starkes Gefälle, schnelle Fließgeschwindigkeit
Flüsse in ehemals vergletscherten Gebirge	mehrere Gefällestufen aufgrund Überformung des ehemaligen Flussbettes durch Eis
Flüsse der Tafelländer und Hochplateaus	Tieflandflüssen ähnlich, jedoch Erosion von Plateaurändern gegen Quellgebiete
Tieflandflüsse	kaum Gefälle, starkes Mäandrieren
Aufschüttungsflüsse	in Folge Gefälleverlustes und damit verbundene Verringerung der Transportfähigkeit→ Akkumulation

Tab.1 eigene Darstellung in Anlehnung an Keller 1961: 263.

Die Gliederung der Flüsse nach den klimatischen Gebieten, durch die das Fließgewässer sich bewegt, wird bestimmt durch die „Niederschlags- und Temperaturgang in den einzelnen Monaten" (Keller 1961: 264).

In der aktuellen Forschung unterscheidet man zusätzlich zwischen allochthonen Fließgewässer, die durch Gebiete mit unterschiedlicher Wasserverfügbarkeit fließen, und autochthonen Fließgewässer, die durch eine Klimazone fließen (Marcinek/Rosenkranz 1996: 161). Die autochthone Flüsse können sich entweder in einem ariden Gebiet (arëische Flüsse) oder in humiden Gebiet (perennierende Flüsse) befinden (Marcinek/Rosenkranz 1996: 161).

Allochthone Flüsse unterteilt man in

· diarëische Flüsse, die von einem humiden bzw. nivalen Gebiet durch ein arides Gebiet fließen und schließlich wieder in einem humiden Gebiet münden.

· endorëische Flüsse, die in einem humiden Gebiet entspringen und in einem ariden Gebiet in ein weiterführendes Fließgewässer oder im Meer münden (Keller 1961: 264).

Otto und Braukmann teilen hingegen Fließgewässer in zwölf geochemisch- höhenzonale Subtypen ein. Dabei wird zwischen insgesamt sechs Höhenstufen und zwei chemischen Eigenschaften unterschieden (Tab. 2.). Diese Unterteilung bezeichnen Pott/Remy als allgemeine Systematik der Bäche und Flüsse (Pott/Remy 2000: 125).

Tab. 2.: Allgemeine Fließgewässersystematik nach Pott/ Remy:

Typologische Kategorien	Typenreihen					
allg. geochemische Grundtypen	karbonatarme Silikat-Bäche (s)					
	karbonatreiche Bäche/Flüsse (c)					
allg. regionale Grundtypen	H Gebirgsbach/-fluss		M Mittelgebirgsbach/-fluss		F Flachlandsbach/-fluss	
höhenzonale Subtypen	H_h alpin	H_l subalpin, hochmontan	M_h montan	M_l submontan, collin	F_h Hochland	F_l Tiefland
geochemisch-höhenzonale Subtypen	sH_h	sH_l	sM_h	sM_l	sF_h	sF_l
	cH_h	cH_l	cM_h	cM_l	cF_h	cF_l
regionale geochemische Subtypen	chloridreiche Karbonatgewässer					
	sulfatreiche Kabonatgewässer					

Tab. 38   Übersicht über die Auswirkungen von Quellschüttung und hydraulischer Anbindung eines Oberflächengewässers an das Grundwasser auf Wasserführung und Wasserstandsamplitude (3. Gliederungsebene)

Quellschüttung	hydraulisches Regime	Wasserführung	Wasserstands-Amplitude	Gewässertyp
permanent	influent	permanent	gedämpft	Quellbach, Grundwasserbach
	ausgeglichen		± ausgeprägt: Sommerniedrigwasser/Frühjahrshochwasser	Bach und Fluss (allgemein)
	effluent			„Fremdlingsbach"
		periodisch	extrem	sommertrockenes Gewässer
periodisch				

Pott/Remy 2000: 125.

6

Von diesen bis hierhin angeführten allgemeinen Fließgewässertypen ist die sog. regionale Fließgewässertypologie abzugrenzen, in der „die Vielzahl individueller Gewässerläufe einer definierten Region [...] nach verbindenden Eigenschaften zu Typen mit vergleichbaren Merkmalskonstellationen" zusammenfasst wird (Sommerhäuser/ Timm 1999: 75).

Dazu werden in vorher eng eingegrenzten Regionen langwierige Untersuchungen durchgeführt, welche u.a. „strukturelle, physiko- chemische und halbquantitative faunistische Untersuchungen" umfassen (Sommerhäuser/ Timm 1999: 78). In einer regionale Fließgewässertypologie werden „die Untersuchungsgewässer der Voruntersuchung, die Modellbäche der Hauptuntersuchung und die Charakteristika der Fließgewässerlandschaften" berücksichtigt (vgl. Sommerhäuser/ Timm 1999: 81). Die regionale Fließgewässertypologie eignet sich auf Grund der oben genannten Faktoren fast ausschließlich für die analysierte Region, sodass Vergleiche bzw. Anwendungen einer speziellen regionalen Fließgewässertypologie auf andere Regionen kaum möglich sind. Deshalb gibt es bisher nur für bestimmte Regionen eine spezifische Fließgewässertypologie.

Um die theoretischen Ausführungen an einem Beispiel aus der Praxis veranschaulichen zu können, bietet es sich an, die Untersuchung des Landesumweltamtes Nordrhein- Westfalen aus dem Jahre 1999 für die regionale Fließgewässertypen herangeführt. Als Beispiel wird der Kalter Bach angeführt, der sich im Lembecker Flachwellenland im Westmünsterland befindet.

Nach der Untersuchung des Landesumweltamtes wurden die verschiedenen Bäche und Flüsse u.a. in drei hydrologische Typen eingeteilt:

· sommertrockene Fließgewässer

· grundwasserarmen Fließgewässer

· grundwassergeprägten Fließgewässer

Der Kalter Bach wurde in die Kategorie der grundwassergeprägten Fließgewässer eingeordnet (Landesumweltamt Nordrhein- Westfalen 1999: 56).

Weiterhin wurde der genaue Verlauf des Kalter Baches, die umgebene Bewaldungsart und die chemischen sowie organischen Bestandteile des Baches beschrieben.

Zudem wurden u.a. die genau geologischen Kennzeichen (mit 55% am Häufigsten vertreten die Grundmoräne des Pleistozäns), die physiko- chemischen Kennwerte und die Arten des Makrozoobenthon und der Fische des Kalter Baches erforscht und festgehalten. Diese Ausführlichkeit macht bereits die Komplexität einer solchen Forschung deutlich.

2.2 Einzugsgebiete

Die Wassermenge in einem Fließgewässer wird u.a. definiert durch das Einzugsgebiet. Woeikof (1885) und Pardé (1964) unterscheiden drei verschiedene Speisungsarten von Fließgewässern:

· Abschmelzen von Gletscherwasser

· Schneeschmelzwasser

· Regenwasser (Marcinek/ Rosenkranz 1996: 205)

Unter einem Einzugsgebiet versteht man das durch die ober- und unterirdischen „Wasserscheiden begrenzte Gebiet, welches durch einen Fluss mit allen seinen Nebenflüssen entwässert wird."(Brunotte et al. S.294) Die ober- und unterirdische Wasserscheiden müssen dabei nicht zwangsläufig direkt übereinander liegen, sondern es kann auf Grund der Gesteinsschichtungen zu einer Verschiebung der Lage der beiden Wasserscheiden kommen. Dieses Phänomen lässt sich anhand der Abbildung 1.a. gut verdeutlichen. Bei dem Beispiel des Schemas weist die Gesteinsschichtung eine Schichtkammgliederung auf. Das einsickernde Wasser kann im Kalkstein versickern und gelangt zur unterirdischen Wasserscheide, die das Wasser zum auf der Abbildung links gelegenen Einzugsgebiet befördert, wo hingegen es bei einem oberirdischen Abfluss zum rechts gelegenen Einzugsgebiet abfließen würde.

Die oberirdische Wasserscheide lässt sich anhand einer Verbindungslinie festlegen, welche die höchsten Punkte eines Einzugsgebietes verbindet, die z.B. bei topographischen Karten skizziert werden (Abb.1.b)(Schmidt 1984: 27).

Die unterirdische Wasserscheide dagegen kann z.B. durch Einspeisungen von Färbemitteln ins versickernde Wasser ertastet werden (Wilhelm 1997: 20) und ist somit wesentlich aufwendiger zu kartographieren. Deshalb werden oberirdische Wasserscheiden bei Abgrenzungen von Einzugsgebieten in der Regel als einzige Grenze gezogen.

Die Zusammenfassung aller Einzugsgebiete der verschiedenen Flüsse, die zu einem bestimmten Meer fließen, wird als Abflussregime bezeichnet (Schönborn 1992: 26). Die verschiedenen Einzugsgebiete der größeren Flüsse Deutschlands lassen sich in der Karte 1 veranschaulichen.

Einzugsgebiete erfahren Massenzufuhr in Form von Niederschlägen (Input) und geben Masse in Form von Verdunstung und Abfluss (vgl. Kap. 2 und Kap. 2.3) wieder an die Umwelt ab (output) (vgl. Schmidt 1984: 24).

Abb. 1. Die morphometrischen Eigenschaften des Flusseinzugsgebiet

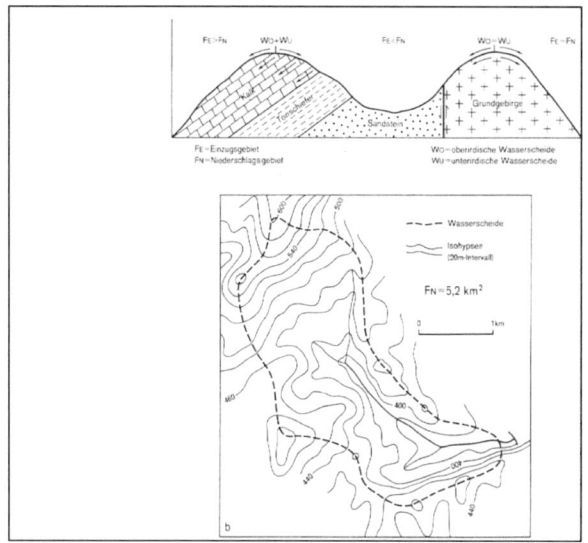

Schmidt 1984: 27.

Es lässt sich deshalb die sog. Wasserhaushaltsgleichung mit den Abkürzungen N für Niederschlag, A für Abfluss, V für Verdunstung, R für Rücklage und B für Aufbrauch aufstellen:

$$N= A+V+(R-B)$$

Ist der Wert für N > 0, erfährt das jeweilige Einzugsgebiet einen Massenzuwachs, im Gegensatz
dazu weisen Werte für N < 0 einen Wassermassenverlust auf.

Einzugsgebiete haben einen direkten Einfluss auf ein Fließgewässer, vor allem auf die Wassermenge und die Wasserqualität (Schönborn 1992: 225).
Dieses lässt sich am Beispiel des Zusammenhangs zwischen dem Bewaldungsgrad eines Einzugsgebietes und dem Abfluss des Fließgewässers veranschaulichen. Waldflächen können in
einem Einzugsgebiet Wassermengen in hohem Maße speichern und sind damit von enormer
Bedeutung für ein Entwässerungssystem (Schönborn 1992: 225). Waldflächen regulieren als Teil
des Systems den Abfluss des Wassers. Abholzung oder intensive landwirtschaftlicher Nutzung
haben höhere Abflussraten zur Folge, sodass die Hochwassergefahr steigt.

Karte 1: Fließgewässer Einzugsgebiete in Deutschland

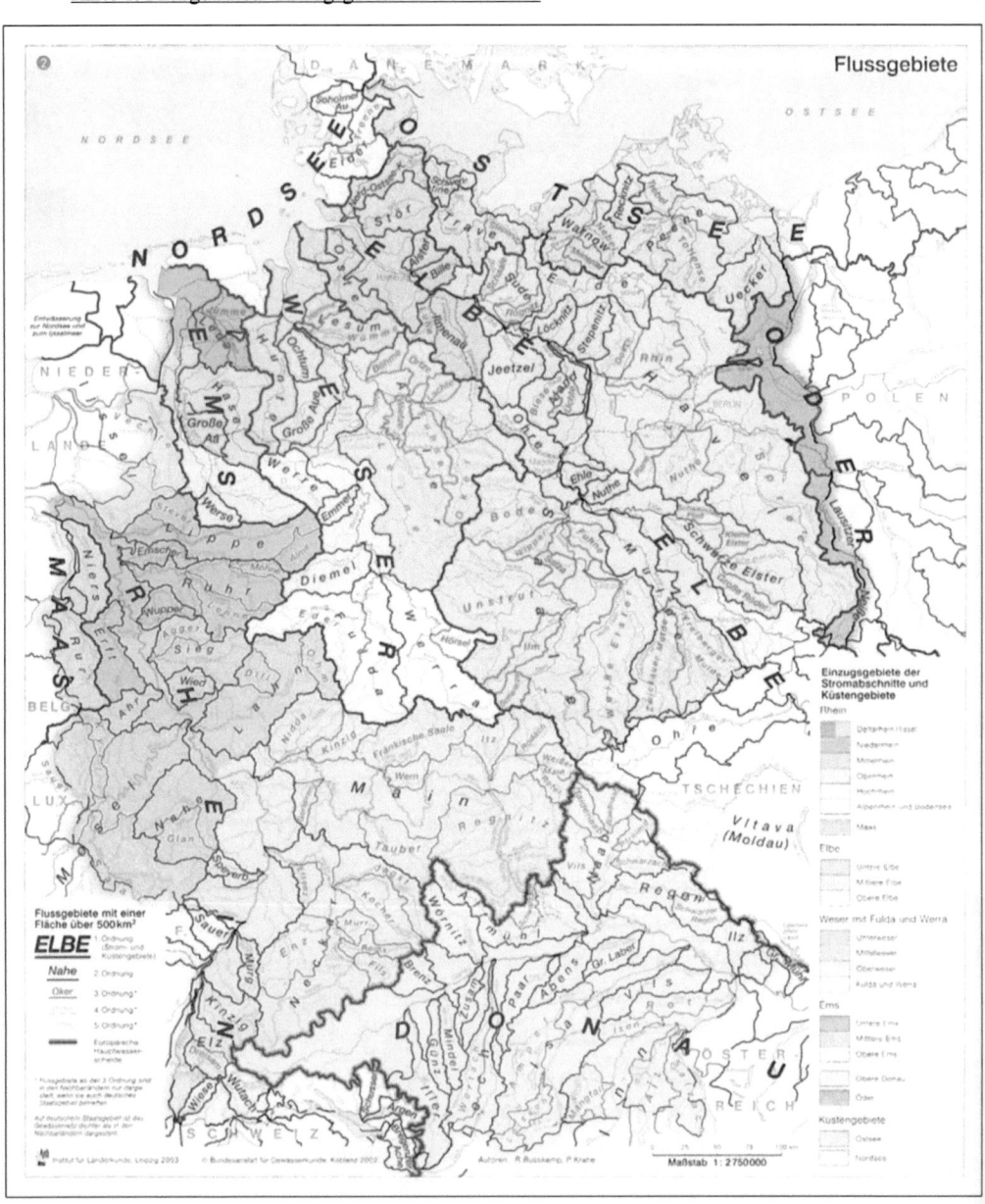

Busskamp, R./Krahe, P. 2003: 125.

Um die Besonderheiten eines Einzugsgebietes näher beschreiben zu können, sind vor allem die Flächengröße des Einzugsgebietes und die Wassermenge in einem Fließgewässer von Bedeutung. Die Fläche des Einzugsgebietes ist begrenzt von der ober- und unterirdischen Wasserscheide. Durch diese Eingrenzung kann dann die genaue Flächengröße (Flächeninhalt zwischen den begrenzenden Wasserscheiden) ermittelt werden (vgl. Schmidt 1984:26ff). So wurde z.b. das Ruhreinzugsgebiet im Jahre 1976 von der Landesanstalt für Wasser und Abfall auf 4.488km² berechnet (Schmidt 1984:28).

2.3 Abflusskomponenten

Unter dem Begriff Abfluss versteht man in der Hydrologie die Wassermenge, die während einer zeitlichen Einheit einen definierten Querschnitt eines Fließgewässers durchfließt (Busskamp/ Schmidt 2003: 126). Der Abfluss setzt sich im Allgemeinen aus drei verschiedenen (Abfluss-) Komponenten zusammen (IUV 2009: Link Abflusskomponenten):

· Basisabfluss

· Oberfächenabfluss

· Zwischenabfluss

Der Basisabfluss besteht vor allem aus Wasser, das im Boden infiltriert ist (Grundwasser) und somit auch bei niederschlagsfreien Zeiten für einen durchgängigen Wasserabfluss zum Fließgewässer sorgt (Schwoerbel 1987:16, Schmidt1984:66). Er gewährleistet, dass Flüsse bei geringer oder ausbleibender Niederschlagsmenge Wasser führen können. Deshalb ist der Anteil des Basisabflusses am gesamten Abfluss bei perennierenden Fließgewässern bedeutend höher als bei episodischen bzw. periodischen Fließgewässern (Schmidt 1984: 66). Dem Basisabfluss wird häufig die wichtigste Aufgabe zugewiesen.

Bei Regenereignissen fällt nur rund 5% des Niederschlages direkt in den Vorfluter (Schmidt1984:64) und ist dadurch meist unbedeutend (Baumgartner/Liebscher 1990: 476).

Oberflächenabfluss entsteht, wenn bei starken Niederschlägen der Boden die Wassermengen nicht mehr aufnehmen kann (Schwoerbel 1987:16) und dadurch das Wasser oberirdisch abfließen muss. Der Oberflächenabfluss sowie die Niederschläge, welche direkt in das Fließgewässer gespeist werden, spielen jedoch im Gesamtbild der herangeführten Wassermengen eines Fließgewässers im Vergleich zum Zwischenabfluss eine untergeordnete Rolle (vgl. auch Abb. 3).

Er setzt sich aus den durch leichten Regen entstandenen Wassermengen zusammen, die in den Boden (v.a. Oberboden, A- Horizont) versickern können und als Interflow bzw. Lateralabfluss dem Fließgewässer zugeführt werden (Schwoerbel 1987:16, Schmidt1984:64), wobei die Wassermengen nicht den Grundwasserspiegel erreichen (IUV 2009: Link Zwischenabfluss). Der jeweilige Anteil zwischen den drei dargestellten Abflusskomponenten ist bei jedem Niederschlagsereignis verschieden. Dabei wird die Abflussart eines Einzugsgebietes in ein Fließgewässer vor allem durch folgende drei Faktoren bestimmt:

· Regenintensität

· Grad der Bodenfeuchte

· zeitlicher Rahmen eines Niederschlagsereignisses.

Der Zusammenhang dieser der drei Faktoren wird in der Abbildung 2 veranschaulicht.

Abbildung 2: Komponenten des Abflussbildungsprozesses

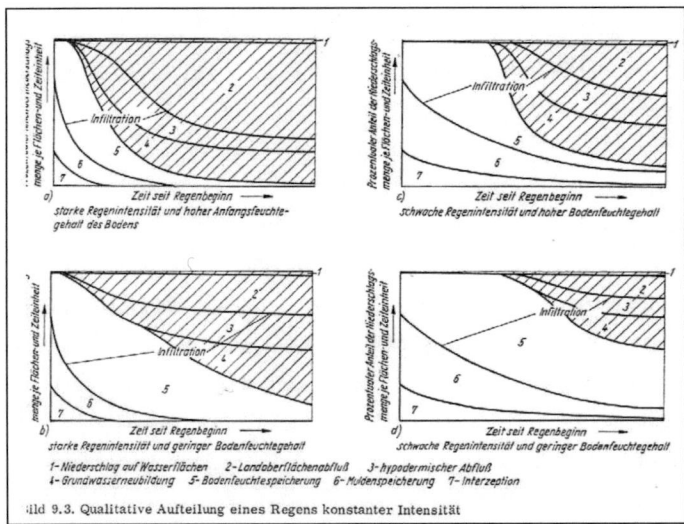

Dyck 1978: 269.

Im Schaubild wird deutlich, dass der Anteil des Oberflächenabflusses (in Abb.: 2 Landoberflächenabfluß) bei einem Starkniederschlagsereignis und einer hohen Bodenfeuchte prozentual einen sehr hohen Wert annimmt, der mit der Länge der Zeit des Niederschlagsereignisses noch wesentlich zunimmt (vgl. Abb. 2 a.). Bei einer hohen Bodenfeucht kann der Boden keine Wassermassen mehr aufnehmen, sodass der Niederschlag oberirdisch abfließen muss. Anders ist die

12

Situation bei einem schwachen Niederschlag und einer geringen Bodenfeuchte (vgl. Abb. 2 d.). Der Boden kann die Niederschlagsmengen infiltrieren, es kommt zunächst zu keinem Oberflächenabfluss und erst im weiteren Verlauf des Regenereignisses erfolgt ein vergleichbar geringen Oberflächenabfluss.

Diese theoretische Erklärungen lassen sich in der Regel nicht genauso in die Praxis übertragen, den Niederschlagswasser kann während des Abflusses sowohl „zunächst oberirdisch abfließen und dann [in den Boden] infiltrieren als auch zuerst hypodermisch [infiltriert] abfließen, um hangabwärts wieder an die Oberfläche zu treten" (Dyck 1978: S. 268).

Der Oberflächen- und Zwischenabfluss, den man zusammenfassend auch Direktabfluss nennt (Schwoerbel 1987: 16f), sowie der Basisabfluss spielen bei einem Hochwasserereignis eine bedeutende Rolle, wie in Abb. 3 veranschaulicht wird.

Bei einem Trockenwetterereignis sorgt fast ausschließlich der Basisabfluss für die Wasserzufuhr eines Fließgewässers. Bei einem Anstieg der Direktabflüsse, z.B. durch Starkniederschläge, Schneeschmelze, kommt es zu einem Anstieg des Abflusses und es kann sich eine Hochwasserwelle bilden. Der Zwischenabfluss macht dabei die größte Masse des entstehenden Hochwassers aus.

Abb. 3: Gliederung eines Abflusses einer Hochwasserwelle

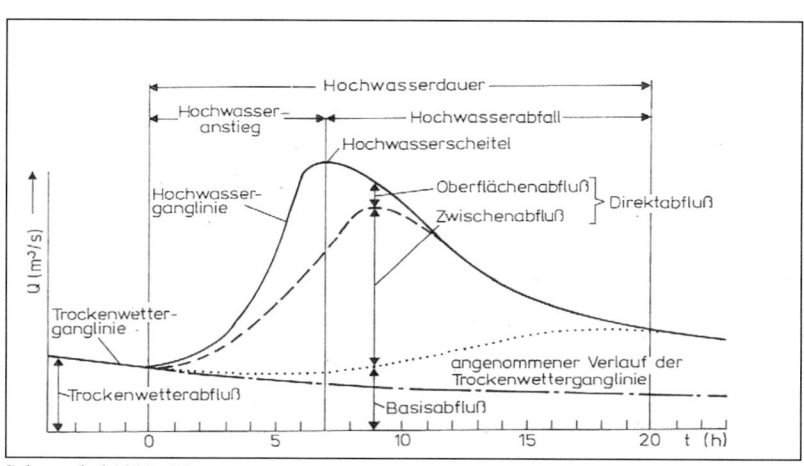

Schwoerbel 1987: 17.

3 Zusammenfassung

Fließgewässer sind ein komplexes System, das sich aus verschiedenen Komponenten zusammensetzt. Die Forschung und Analyse dieser Komponenten ist sowohl für die Wirtschaft und auch für die Bevölkerung ein wichtiges Anliegen.

Die Fließgewässertypen strukturieren die riesige Anzahl der verschiedenen Fließgewässer in überschaubare Gruppen und machen sie dadurch vergleichbar. Wie in Kap. 2.1 angeführt, können Fließgewässer auf verschiedene Arten zusammengefasst werden.

95% der Wassermassen eines Fließgewässers werden aus der Fläche des Einzugsgebietes gewonnen (vgl. Schmidt1984:64), und sie haben somit einen direkten Einfluss auf das jeweilige Fließgewässer. Mit Hilfe der Erforschung der Fläche der Einzugsgebiete lassen sich direkte Aussagen über die Größe von Regionen ermitteln, die von einem Fließgewässer entwässert werden (vgl. Kap. 2.2).

Durch die verschieden Abflusskomponenten gelangt das Wasser, das in Form von Niederschlag bzw. Schneeschmelze in die Einzugsgebieten eingespeist wird, zu den jeweiligen Fließgewässern. Von diese fließt es schließlich direkt in die absolute Erosionsbasis (Meer oder Ozean) oder in einen weiterführenden Vorfluter.

Dieser Zusammenhang aus den verschiedenen Aspekten macht die Komplexität des Fließgewässersystems deutlich.

Literaturverzeichnis

Baumgartner, A./ Liebscher, H.-J.(1990): Allgemeine Hydrologie- Quantitative Hydrologie. Berlin/ Stuttgart: Gebrüder Borntraeger.

Brunotte, E./Gebhardt, H./Meurer, M./Meusburger, P./Nipper, J.(2001): Lexikon der Geographie. Berlin/ Heidelberg: Spektrum Akademischer Verlag.

Busskamp, R./Schmidt, K.-H.(2003): Oberflächenwasser- Mittlerer jährlicher Abfluss und Abflussvariabilität. In: Institut für Länderkunde, Leipzig (Hrsg.)(2003): Nationalatlas Bundesrepublik Deutschland- Relief, Boden und Wasser. Heidelberg/ Berlin: Spektrum Akademischer Verlag GmbH.

Busskamp, R./Krahe, P.(2003): Oberflächenwasser- Mittlerer jährlicher Abfluss und Abflussvariabilität. In: Institut für Länderkunde, Leipzig (Hrsg.)(2003): Nationalatlas Bundesrepublik Deutschland- Relief, Boden und Wasser. Heidelberg/ Berlin: Spektrum Akademischer Verlag GmbH.

Dyck, S.(1978²): Angewandte Hydrologie- Teil 2: Der Wasserhaushalt der Flußgebiete. Berlin/ München: Verlag von Wilhelm Ernst & Sohn.

Gebhardt, H./Glaser, R./Radtke, U./Reuber, P.(2007): Geographie - Physische Geographie und Humangeographie. München: Spektrum Akademischer Verlag.

Institut für Umweltverfahrenstechnik Universität Bremen (IUV): Wasser wissen < http://www.wasser-wissen.de/abwasserlexikon/a/abflusskomponenten.htm> abgerufen am 29.03.2009.

Keller, R.(1961): Gewässer und Wasserhaushalt des Festlandes. Berlin: Aude & Spendersche Verlagsbuchhandlung.

Landesumweltamt Nordrhein- Westfalen(1999): Merkblätter Nr. 16: Referenzgewässer der Fließgewässertypen Nordrhein- Westfalen. Teil1: Kleine bis mittelgroße Fließgewässer. Essen: Landesumweltamt Nordrhein- Westfalen.

Marcinek, J./Rosenkranz, E.(1996²): Das Wasser der Erde. Gotha: Justus Perthes Verlag.

Pott, R./Remy, D.(2000): Gewässer des Binnenlandes. Stuttgart: Ulmer.

Schönborn, W.(1992): Fließgewässerbiologie. Stuttgart: Gustav Fischer Verlag Jena.

Schmidt, K.-H.(1984): Der Fluss und sein Einzugsgebiet. In:

Sommerhäuser, M./Timm, T.(1999): Limnologische Leitbilder zur regionalen Gewässertypologie. In: Zumbroich, T. /Müller, A. / Friedrich, G.(Hrsg.)(1999): Strukturgüte von Fließgewässern. Berlin: Springer.

Schwoerbel, J.(1987[6]): Einführung in die Limnologie. Stuttgart/New York: Gustav Fischer Verlag.

Wilhelm, F.(1997[3]): Hydrogeographie. Braunschweig: Westermann.